AF383937

MÉCANISME

DE LA

PHYSIONOMIE HUMAINE

OU ANALYSE ÉLECTRO-PHYSIOLOGIQUE

DE L'EXPRESSION DES PASSIONS

APPLICABLE A LA PRATIQUE DES ARTS PLASTIQUES

PAR LE DOCTEUR

DUCHENNE (DE BOULOGNE)

ANALYSE ET CRITIQUE

Du livre de M. le docteur DUCHENNE (de Boulogne) intitulé :

MÉCANISME DE LA PHYSIONOMIE HUMAINE,

Par M. le docteur Amédée LATOUR, rédacteur en chef de l'*Union Médicale* ([1]).

Ce ne serait pas trop d'un anatomiste comme Sœmmering, d'un physiologiste comme Haller, et d'un artiste comme Michel-Ange, pour apprécier avec compétence le beau travail que nous avons sous les yeux. C'est dire que l'article que nous allons lui consacrer sera moins une appréciation qu'une analyse. Cette analyse faite, nous hasarderons peut-être quelques timides observations, et nous ne les présenterons qu'avec le sentiment trop légitime de notre insuffisance en pareille matière.

Déterminer et exposer les lois qui régissent l'expression de la physionomie humaine, tel est le but de ce travail. Ce but effraie tout d'abord. Comme pour en montrer la hardiesse et la difficulté, M. Duchenne commence sa préface par cette magnifique phrase de Buffon : « Lorsque l'âme est agitée, la face humaine devient un tableau vivant où les passions sont rendues avec autant de délicatesse que d'énergie, où chaque mouvement de l'âme est exprimé par un trait, chaque action par un

______

([1]) Voir l'UNION MÉDICALE des 26 août et 2 septembre 1862.

caractère dont l'impression vive et prompte devance la volonté, nous décèle et rend au dehors, par des signes pathétiques, les images de nos plus secrètes agitations. » C'est ce programme si délicat, si complexe, si fugitif, que M. Duchenne a voulu remplir et fixer. Par l'analyse électro-physiologique, et à l'aide de la photographie, il a l'ambition de faire connaître « l'art de peindre correctement les lignes expressives de la face humaine, » et cet art, il l'appelle pittoresquement l'*orthographe* de la physionomie en mouvement.

Quelques essais ont été antérieurement tentés dans cette voie; M. Duchenne les rappelle et les apprécie. Camper, Lavater, Moreau (de la Sarthe), Ch. Bell, Sarlandière, pour ne citer que les principaux auteurs qui se sont occupés de ce sujet, ont laissé quelques travaux intéressants, mais déparés par de nombreuses erreurs, et ces erreurs, M. Duchenne les met sur le compte des divers modes incomplets d'investigation en usage jusqu'à lui dans l'étude de la myologie.

On sait, et ce sera un des plus beaux titres de gloire de M. Duchenne, combien de notions intéressantes et nouvelles cet infatigable expérimentateur a introduites dans la physiologie sur le mécanisme des mouvements du pied, de la main, de l'épaule, du diaphragme, par ses recherches électro-physiologiques. C'est le même mode d'investigation qu'il a suivi dans ses recherches sur le mécanisme des mouvements de la face, et M. Duchenne montre que ce mode est le seul qui, pour le sujet qui nous occupe, puisse donner des résultats précis et des notions certaines. Et cette méthode, qui a coûté à notre laborieux confrère tant de tâtonnements, de temps et de peine, aujourd'hui que nous la voyons presque en pleine possession de sa puissance, ne frappe-t-elle pas d'admiration par la simplicité de ses moyens, l'énergie de son action et la certitude de ses résultats! Oui, on peut le dire sans blasphème, l'art aujourd'hui fait plus, sinon mieux, que la nature. La nature ne produit pas une contraction musculaire des membres isolée, solitaire, elle ne procède que par action synergique et par un *consensus* d'un rayonnement plus ou moins étendu. Cette synergie, d'ailleurs, et M. Duchenne l'a parfaitement démontré, est une prévoyance de la nature qui n'a pas voulu donner à l'homme le pouvoir de localiser l'action du fluide nerveux dans tel ou tel muscle, ce qui eût été inutile pour l'exercice de ses fonctions, et l'aurait exposé à des accidents ou à des déformations. Mais cette synergie rendait difficile et complexe l'étude des mouvements musculaires. M. Duchenne a simplifié le problème. Sans vivisection, sans incision, et, à son gré, à travers la peau intacte, il fait contracter un muscle, un seul faisceau de ce muscle, il anime tel tronc nerveux, tel rameau, tel ramuscule.

Certes, lorsque les philosophes, les savants, les Sages de la Grèce, — philosophe, savant, sage avaient la même signification, — découvraient et admiraient, sans pouvoir le comprendre, qu'un morceau d'ambre frotté attirait les corps légers, ils ne se doutaient guère que ce phénomène était le germe d'une science qui domine aujourd'hui les sciences, l'industrie, le commerce, la politique, la sociologie. Hippocrate, qui devait connaître ce petit fait, n'a pu prévoir que, 2.200 ans après lui, dans un pays alors barbare, de ce petit fait sortiraient de telles conséquences, qu'un savant de ce pays, M. Duchenne, pourrait écrire et prouver ceci : « Après plusieurs années d'expériences, il m'a été possible d'arrêter à mon gré la puissance électrique à la surface du corps, et puis, lui faisant traverser la peau, sans l'intéresser et sans l'exciser, de concentrer son action dans un muscle ou dans un faisceau musculaire, dans un tronc ou dans un filet nerveux. »

Mais voyons ce que l'expérimentation, poursuivie avec persévérance depuis douze ans, a révélé à M. Duchenne. Bacon n'a-t-il pas dit avec raison que l'expérience est une sorte de question appliquée à la nature pour la faire parler ? Oui, si l'expérimentateur est assez sagace, assez patient pour ne pas se contenter des premières réponses de la nature, toujours confuses, inquiètes et troublées. M. Duchenne a eu le courage de la patience, ce courage si rare à notre époque si pressée, et dont l'absence compromet si souvent la méthode expérimentale qui, bien employée, ne peut faillir. La maladie morale de notre temps, c'est la précipitation. Le génie a des ailes, c'est vrai, mais, comme l'aigle, lorsqu'elles ont poussé.

Pour connaître et juger le degré d'influence exercé sur l'expression par les muscles de la face, M. Duchenne a provoqué la contraction de ceux-ci à l'aide de courants électriques, dans l'état de repos complet de la physionomie et où elle annonçait le calme intérieur. Il a d'abord mis chacun des muscles partiellement en action, tantôt d'un seul côté, tantôt des deux côtés à la fois ; puis, allant du simple au composé, il a essayé de combiner ces contractions musculaires partielles, en les variant autant que possible, c'est-à-dire en faisant contracter les muscles de noms différents, deux par deux, trois par trois. Voici quelques-uns des faits généraux qui résultent de ces dernières expériences.

Les contractions partielles des muscles de la face sont ou *complétement expressives*, ou *incomplétement expressives*, ou *expressives complémentaires*, ou *inexpressives*.

Quant aux contractions partielles *complétement expressives*, nous laisserons parler l'auteur. La citation suivante est des plus intéressantes :

« Il est des muscles qui jouissent du privilége exclusif de peindre complétement, par leur action isolée, une expression qui leur est propre.

» Au premier abord, cette assertion paraît paradoxale ; car, bien que l'on ait accordé à un petit nombre de muscles une influence spéciale sur la physionomie, on n'en a pas moins professé que toute expression exige le concours, la synergie d'autres muscles.

» J'ai partagé, je l'avoue, cette opinion, que j'ai cru même un instant confirmée par l'expérimentation électro-physiologique.

» Dès le début de mes recherches, en effet, j'avais remarqué que le mouvement partiel de l'un des muscles moteurs du sourcil produisait toujours une expression complète sur la face humaine. Il est, par exemple, un muscle qui représente la souffrance. Eh bien ! sitôt que j'en provoquais la contraction électrique, non seulement le sourcil prenait la forme qui caractérise cette expression de souffrance, mais les autres parties ou traits du visage, principalement la bouche et la ligne naso-labiale, semblaient également subir une modification profonde, pour s'harmonier avec le sourcil, et peindre, comme lui, cet état pénible de l'âme.

» Dans cette expérience, la région sourcilière seule avait été le siège d'une contraction très évidente, et je n'avais pu constater le plus léger mouvement sur les autres points de la face. Cependant j'étais forcé de convenir que cette modification générale des traits que l'on observait alors, paraissait être produite par la contraction synergique d'un plus ou moins grand nombre de muscles, quoique je n'en eusse excité qu'un seul. C'était aussi l'avis des personnes devant lesquelles je répétais mes expériences.

» Quel était donc le mécanisme de ce mouvement général apparent de la face ? Était-il dû à une action réflexe ? Quelle que fût l'explication de ce phénomène, il semblait en ressortir, pour tout le monde, que la localisation de l'électrisation musculaire n'était pas réalisable à la face.

» Je n'attendais plus rien de ces expériences électro-physiologiques, lorsqu'un hasard heureux vint me révéler que j'avais été le jouet d'une illusion.

» Un jour que j'excitais le muscle de la souffrance, et au moment où tous les traits paraissaient s'être contractés douloureusement, le sourcil et le front furent tout à coup masqués accidentellement (le voile de la personne sur laquelle je faisais cette expérience s'était abaissé sur ses yeux). Quelle fut alors ma surprise en voyant que la partie inférieure du visage n'éprouvait plus la moindre apparence de contraction !

» Je renouvelai plusieurs fois cette expérience, couvrant et découvrant alternativement le front et le sourcil ; je la répétai sur d'autres sujets, et même sur le cadavre encore irritable, et toujours elle donna des résultats identiques, c'est-à-dire que je remarquai sur la partie du visage placée au-dessous du sourcil la même immobilité complète des traits ; mais à l'instant où le sourcil et le front étaient découverts, de manière à laisser voir l'ensemble de la physionomie, les lignes expressives de la partie inférieure de la face semblaient s'animer douloureusement.

» Ce fut un trait de lumière ; car il était de toute évidence que cette contraction apparente et générale de la face n'était qu'une illusion produite par l'influence des lignes du sourcil sur les autres traits du visage.

» Il est certainement impossible de ne pas se laisser tromper par cette illusion, qui est, comme je l'ai dit précédemment, une espèce de mirage exercée par les mouvements partiels du sourcil, si l'expérimentation directe ne vient pas la dissiper. »

A cette expérience si curieuse il manque cependant une contre-épreuve. S'il paraît incontestable que le rhéophore peut faire contracter isolément le muscle sourcilier et que cette contraction isolée imprime à la physionomie l'expression de la douleur, il serait intéressant de voir s'il en est de même dans l'état de souffrance véritable et si, comme dans l'excitation artificielle, par l'usage d'un voile ou d'un écran, cette expression de souffrance ne se traduirait réellement que sur la région sourcilière.

M. Duchenne ne semble pas en douter, car il trouve cette illusion nécessaire et utile. Si pour peindre chaque passion ou chaque sentiment, dit-il, il eût été nécessaire de mettre tous les muscles simultanément en jeu, afin de modifier les traits de la face d'une manière générale, l'action nerveuse eût été beaucoup plus compliquée. Les traits qui représentent l'image d'une passion étant réduits à un muscle ou à un petit nombre, et dans un point limité de la face, leur signification devenait plus facile à saisir. Enfin ces traits, quoique circonscrits, devaient impressionner davantage en exerçant une influence générale ; mais les passions à exprimer étant assez nombreuses, il ne fallait pas trop multiplier les contractions des muscles qui servent à en tracer les signes et dont le nombre est limité.

M. Duchenne, d'ailleurs, n'explique pas ce phénomène qu'il croit inexplicable, et qu'il compare aux effets d'illusion exercés sur l'organe visuel par le rapprochement de certaines teintes. Depuis les expériences de M. Chevreul, on sait que des couleurs, et même seulement des nuances placées les unes à côté des autres, se modifient tellement et de telle manière, que l'œil les voit tout autres qu'elles ne sont en réalité.

Par leur seul énoncé se comprennent les articles consacrés aux contractions partielles *incomplétement expressives, expressives complémentaires* et *inexpressives.*

Les contractions *combinées* des muscles de la face s'obtiennent en excitant simultanément plusieurs muscles de noms différents, d'un côté ou des deux côtés à la fois, et ces contractions combinées sont ou *expressives,* ou *inexpressives,* ou *expressives discordantes.*

Les expressions originelles, primordiales de la face, se traduisent tantôt par la contraction isolée d'un muscle, tantôt par la contraction synergique de plusieurs muscles. Elles peuvent en s'associant produire un ensemble harmonieux et donner naissance à d'autres expressions dont la signification est plus étendue, à des expressions complexes.

« Un exemple, pour expliquer ma pensée, dit M. Duchenne. L'attention est produite par la contraction partielle du *frontal,* et la joie qui est due à la synergie du grand *zygomatique* et de l'*orbiculaire inférieur,* sont des expressions primordiales. Vient-on à les marier ensemble, la physionomie annoncera que l'âme est sous la vive impression d'une heureuse nouvelle, d'un bonheur inattendu : c'est une expression complexe. Si à ces deux expressions primordiales on joint celle de la lascivité ou de la lubricité, en faisant contracter synergiquement avec les muscles précédents le *transverse du nez,* les traits sensuels propres à cette dernière passion montreront le caractère spécial de l'attention attirée par une cause qui excite la lubricité, et peindront parfaitement, par exemple, la situation des veillards impudiques de la chaste Suzanne. »

Ce réalisme anatomique serait-il supportable en peinture? Nous aurons plus loin l'occasion de revenir sur cette réflexion.

Ainsi, il paraît certain que si le plus simple mouvement des membres exige une synergie d'action musculaire plus ou moins complexe, certains mouvements de la face et certaines expressions sont produits par la contraction isolée d'un muscle. C'est ce que prouve l'électro-physiologie, mais c'est ce que la nature ne fait jamais, parce qu'un tel langage, borné à un seul côté de la face, serait disgracieux, et que, pour le rendre harmonieux, la nature a mis au service de chaque passion les muscles homologues, en nous privant de la faculté de les faire jouer isolément.

Quelques objections ont été faites à M. Duchenne, il les expose et les réfute. La sensibilité de la face, lui a-t-on dit, est telle que la sensation douloureuse produite par le rhéophore peut faire entrer en contraction d'autres muscles que ceux qu'il cherche à exciter. Comment alors distinguer ces derniers mouvements des mouvements propres à l'excitation électrique? M. Duchenne répond, d'abord que cette sensation douloureuse disparaît vite, puis, qu'il a été admirablement servi par le hasard qui a mis sous sa main un sujet atteint d'anesthésie de la face, puis enfin que ses expériences, pratiquées sur des cadavres encore irritables, ont donné des résultats identiques.

On ajoute : La contraction partielle d'un muscle qui préside à une expression ne pourrait-elle pas réagir sur l'âme et produire sympathiquement une impression intérieure qui provoquerait d'autres contractions involontaires? Non, répond M. Duchenne, car j'ai expérimenté sur le cadavre, et les mouvements expressifs ont été absolument semblables à ceux que l'on observe chez les vivants.

On insiste et l'on dit : L'électrisation musculaire localisée peut n'être qu'une illusion, et les phénomènes observés n'être que des contractions réflexes, provoquées par toute excitation périphérique. Cette objection, la plus grave de toutes, M. Duchenne l'a très amplement réfutée dans son grand ouvrage de l'*électrisation localisée*, etc. Il a démontré que ce phénomène réflexe, qui se développe dans certaines conditions pathologiques, ne pouvait se produire à l'état normal. Il a fait, en outre, contracter isolément des muscles humains, mis à nu sur certains membres nouvellement amputés, et il a prouvé que les mouvements étaient absolument les mêmes que lorsqu'il excitait les muscles homologues des membres non séparés du tronc. Il a fait enfin des expériences sur les animaux dont il excitait les muscles de la face, et les mouvements ont été absolument identiques, que la tête fût ou non séparée du tronc.

L'électrisation localisée ne produit donc pas des phénomènes réflexes, elle est une réalité et elle donne des résultats empreints de certitude.

Mais quelle est son utilité au point de vue anatomique, physiologique et psychologique? Quelle applications peut-on en faire à l'étude des beaux-arts?

Nous allons voir comment M. Duchenne répond à ces questions.

Au point de vue de l'anatomie, l'utilité des recherches faites par M. Duchenne est très saisissante. C'est pour les muscles de la face surtout qu'il est permis de dire que le rhéophore a détrôné le scalpel. Le scalpel peut induire en erreur, car il ne découvre sous la peau qu'une sorte de masque musculaire, surtout si, comme M. Cruveilhier a eu la patience de le faire, on dissèque les muscles de la face de dedans en dehors, de manière à les montrer par leur face postérieure correspondante aux surfaces osseuses. On n'aperçoit plus alors qu'une masse de fibres musculaires semblant se continuer les unes dans les autres, à tel point, dit M. Duchenne, qui a vu ces préparations, qu'on ne saurait assigner les limites exactes du plus grand nombre des muscles de la face.

Le rhéophore démontre que cette continuité fibrillaire n'est qu'une illusion; en fouillant avec plus de délicatesse, le scalpel lui-même est déjà venu donner raison au rhéophore en découvrant les limites de quelques muscles que l'on croyait se continuer les uns dans les autres, le pyramidal du nez, par exemple.

L'électro-physiologie démontre l'existence, à la face, de muscles qui ne sont ni classés ni dénommés; ainsi dans l'aile du nez, dans le sphincter des paupières, qui au lieu d'un seul muscle, se composerait de quatre muscles, au dire de M. Duchenne.

En physiologie, les recherches expérimentales de M. Duchenne redresseront les erreurs que l'on avait commises en attribuant à des muscles des mouvements auxquels ils étaient étrangers, et en méconnaissant ceux qui leur appartenaient. C'est ainsi que le petit zygomatique, qui, pour les anatomistes, est le muscle de la joie, est au contraire, sous le rhéophore, le seul représentant du chagrin, du pleurer modéré ; que le peaucier, si négligé comme muscle expressif, sous les mains de M. Duchenne exprime avec une vérité saisissante les mouvements les plus violents de l'âme : la terreur, la colère, la torture, etc. Et cela nous conduit, avec M. Duchenne, à rechercher la liaison intime de la physiologie musculaire de la face humaine avec la psychologie.

Ce n'est pas, nous l'avouons, sans une certaine appréhension que nous avons vu M. Duchenne pénétrer sur le terrain si mobile, si tourmenté de la psychologie.

Facultés et passions de l'âme, tel est le domaine de la psychologie. Que le rhéophore ait la prétention d'assigner un ou des muscles à l'expression des passions, c'est déjà considérable ; mais à l'expression des facultés intellectuelles ! nous voyons aussitôt la classe des sciences morales de l'Institut s'insurger en masse contre cette ambition. M. Duchenne est-il possédé de cette ambition ? Historien fidèle, nous devons répondre : Oui et non. Dans une page de ses réflexions, il ne parle que des passions : « La physiologie musculaire de la face humaine est intimement liée à la psychologie ; on ne saurait certes le nier, lorsqu'on me voit, pour ainsi dire, appeler successivement sur la face du cadavre l'image fidèle de la plupart des *passions* dénombrées et classées par les philosophes. » Mais, si nous tournons la page, nous tombons sur le tableau *synoptique* des muscles complétement, incomplétement expressifs, etc., et que voyons-nous ? Un muscle, le frontal, pour l'attention. Or, que nous sachions, aucun psychologue n'a jamais rangé l'attention parmi les passions. Et la réflexion qui possède aussi son muscle spécial, l'orbiculaire palpébral supérieur, est-ce aussi une passion? Le doute, qui trouve son expression dans le muscle de la houppe du menton, est-il une passion ? Nous en dirons autant de la méditation, de la contention. Évidemment, il y a quelque chose à revoir dans cette nomenclature. Hâtons-nous d'ajouter, non comme excuse, mais comme explication, que nous n'avons sous les yeux que le premier fascicule, c'est-à-dire l'introduction du grand ouvrage que M. Duchenne veut publier, et que, dans ces pages concentrées, il a été obligé de cohober sa pensée sans les développements qui viendront inévitablement plus tard.

Ces développements sont indispensables, car nous ne pouvons dissimuler que, dans un autre passage de ce fascicule, M. Duchenne ne se compromette de la manière la plus grave avec les psychologues de l'Institut. Qu'on en juge :

« On voit aussi que ces muscles ne sont pas seulement destinés à représenter l'image des passions, des sentiments et des affections; que certains actes de l'entendement peuvent même se réfléchir sur la face : c'est ainsi, par exemple, que s'écrivent avec la plus grande facilité sur la physionomie de l'homme — et cela seulement par la contraction partielle de l'un des muscles moteurs du sourcil ! — la réflexion, le plus important, le plus noble état de l'esprit, celui qui parait le plus abstrait, et la méditation, qui est la mère des grandes conceptions, qui, chez certains hommes, est, pour ainsi dire, la passion dominante. »

Ce passage prouve, en tout état de cause, que M. Duchenne a conscience de la gravité de ses propositions, et que ce n'est pas témérairement qu'il s'est engagé dans le domaine de la psychologie.

Quoi qu'il en soit, l'auteur a reconnu et il fait le dénombrement des expressions primordiales et des expressions complexes qu'il a pu obtenir par l'expérimentation électro-physiologique. Cette exposition nous conduirait beaucoup trop loin, et nous devons renvoyer à la lecture de l'ouvrage lui-même. Mais nous ne résistons pas au plaisir de citer les réflexions qui terminent ce chapitre et qui prouvent avec quelle sagacité et quelle élévation de vue M. Duchenne a étudié son sujet :

« Si l'homme possède le don de révéler ses passions par cette sorte de transfiguration de l'âme, ne doit-il pas également jouir de la faculté de comprendre les expressions extrêmement variées qui viennent se peindre successivement sur la face de ses semblables? Quelle serait donc l'utilité d'un langage qui ne serait pas compris? Exprimer et sentir les signes de la physionomie en mouvement me semblent des facultés inséparables que l'homme doit posséder en naissant. L'éducation et la civilisation ne font que les développer ou les modérer.

» C'est la réunion de ces deux facultés qui fait du jeu de la physionomie un langage universel. Pour être universel, ce langage devait se composer toujours des mêmes signes, ou en d'autres termes, devait être placé sous la dépendance de contractions musculaires toujours identiques.

» Ce que le raisonnement seul avait fait pressentir, ressort clairement de mes recherches. J'ai en effet constaté, dans toutes mes expériences, ainsi que je l'ai déjà démontré, que c'est toujours un seul muscle qui exécute le mouvement fondamental, représentant un mouvement donné de l'âme. Cette loi est tellement rigoureuse, que l'homme a été privé du pouvoir de la changer et même de la modifier. On prévoit ce qui serait infailliblement arrivé s'il en eût été autrement ; le langage de la physionomie aurait eu le sort du langage parlé, créé par l'homme : chaque contrée, chaque province, aurait eu sa manière de peindre les passions sur la figure ; peut-être aussi le caprice aurait-il fait varier à l'infini l'expression physionomique dans chaque ville, chez chaque individu.

» Il fallait que ce langage de la physionomie fût immobile, condition sans laquelle il ne pouvait être universel. C'est pour cela que le Créateur a placé la physionomie sous la dépendance des contractions musculaires instinctives ou réflexes.

» On sait avec quelle régularité tous les mouvements instinctifs s'exécutent. Je ne citerai, comparativement et comme exemple, que ceux de la marche, pendant laquelle l'enfant même résout les problèmes de mécanique les plus compliqués, avec une facilité et une précision que la volonté ne saurait jamais égaler. On comprend donc comment chaque passion est toujours dessinée sur la figure par les mêmes contractions musculaires, sans que ni la mode, ni le caprice puissent les faire varier. »

Tout cela ne paraîtra-t-il pas bien arrêté, bien absolu? La conviction de M. Duchenne est très sérieuse. et nous ne doutons pas que, dans le cours de son ouvrage, il ne la fasse passer dans l'esprit de ses lecteurs. Mais à la première lecture et sous cette forme presque aphoristique, l'impression est forte, et dans notre état de sociabilité raffinée, où chacun s'étudie de son mieux à cacher ses sentiments et l'expression faciale qui les traduit, où le plus habile est celui qui a su se faire le masque le plus impénétrable, on a tout d'abord peine à comprendre l'assurance de ces propositions.

Mais M. Duchenne a prévu cette grave objection, et il l'a ainsi formulée d'après un grand maître, d'après Descartes : « Généralement, dit ce grand penseur, toutes les actions, tant du visage que des yeux, peuvent être changées par l'âme, lorsque, voulant cacher sa passion, elle en imagine fortement une contraire, en sorte qu'on s'en peut aussi bien servir à dissimuler ses passions qu'à les déclarer. » M. Duchenne reconnaît que certaines personnes, les bons comédiens, par exemple, possèdent l'art de peindre merveilleusement des passions qui n'existent réellement que sur leur physionomie ou sur leurs lèvres. Cependant, il assure qu'il lui sera facile de démontrer qu'il n'est pas donné à l'homme de simuler ou de peindre sur sa face certaines émotions, et que l'observateur attentif peut toujours, par exemple, découvrir et confondre un sourire menteur. Quels services l'électro-physiologie est appelée à rendre à la morale si elle peut bannir l'affreuse hypocrisie et rappeler les hommes à la sincérité des rapports sociaux ! Diderot, qui ne connaissait pas le réophore, ne partageait pas l'avis de M. Duchenne, lui qui disait : « On se fait à soi-même quelquefois sa physionomie. Le visage, accoutumé à prendre le caractère de la passion dominante, la garde ; quelquefois aussi on la reçoit de la nature, et il faut bien la garder comme on l'a reçue. Il lui a plu de nous faire bons, et de nous donner le visage du méchant, ou de nous faire méchants, et de nous donner le visage de la bonté. » M. Duchenne, qui cite ce passage, répond que l'assertion de Diderot n'est heureusement pas exacte, et il se charge de le prouver. Ce ne sera pas la première fois que la physiologie aura redressé les opinions des philosophes.

Nous venons de citer Diderot, c'est pour la partie de ce travail qui nous reste à examiner que l'appréciation du savant et spirituel auteur des *Salons* serait opportune. Nous entrons ici dans le domaine des beaux-arts, et nous allons chercher à montrer, avec M. Duchenne, combien l'analyse électro-physiologique des fonctions musculaires de la face peut être utile à la peinture et à la sculpture.

Bien que l'étude de l'anatomie morte soit incontestablement utile, bien qu'elle aide à comprendre la raison des reliefs musculaires des membres et du tronc, M. Duchenne déclare qu'elle n'est pas absolument indispensable, et que l'étude des formes extérieures, surtout à l'état de mouvement, doit être cultivée beaucoup plus spécialement dans la pratique des arts plastiques. Les anciens ne connaissaient pas l'anatomie morte, et cependant avec quelle sévérité et quelle sagesse ils savaient accuser les reliefs, et les dépressions qui trahissent le mouvement et donnent la vie aux membres ! Cette étude de l'anatomie morte est, pour l'artiste, bien moins utile encore à la face, où, à peu d'exceptions près, les muscles en contraction ne font aucun relief sous la peau.

Les mouvements expressifs de la physionomie n'étant pas, comme ceux des membres, soumis à la volonté, ils sont tellement fugaces, qu'il n'a pas toujours été possible aux plus grands maîtres de saisir, comme pour le mouvement des autres régions, l'ensemble de tous leurs traits distinctifs. C'est que les règles des lignes expressives de la face en mouvement, ce que M. Duchenne appelle l'orthographe de la physionomie, n'ont pas été réellement formulées jusqu'à ce jour. Le *criterium* faisait défaut, c'est le réophore. A son aide, on voit que les traits propres à tel ou tel mouvement expressif se composent de lignes *fondamentales,* qui en sont les signes pathognomoniques, et de lignes *secondaires.*

Les maîtres de l'art ont, en général, merveilleusement senti les lignes fondamentales de l'expression, mais presque tous ont négligé ou n'ont pas aperçu les lignes secondaires. M. Duchenne leur en fait grand reproche. Il veut que l'on sache qu'elles ne sont pas un simple ornement, une fantaisie de la nature. Il s'engage à démontrer qu'elles enrichissent les lignes fondamentales en fournissant certains renseignements importants. Ces règles, dit il, ne peuvent menacer la liberté de l'art, étouffer les inspirations du génie ; elles ne leur apporteront pas plus d'entraves que les règles de la perspective, par exemple. Que l'on ne croie pas non plus, ajoute-t-il, que chaque expression aille sortir, pour ainsi dire, d'un moule unique ; le jeu de la physionomie ne peut être ni aussi simple, ni d'une monotonie aussi affligeante.

Nous nous sentons soulagé par ces réflexions de M. Duchenne. L'uniforme, le commun, le vulgaire dans les arts nous font peur. Nous voulons à l'artiste toute sa liberté, toute sa spontanéité. Dès que le réophore n'a la prétention que d'indiquer sans les imposer ce que M. Duchenne appelle les *lignes fondamentales,* lignes que les Grecs ont parfaitement connues sans électro-physiologie, et dont ils nous ont transmis les immortels exemples, nous ne voyons plus aucun inconvénient à ce que M. Duchenne en fasse l'objet de ses démonstrations. C'est un bonheur même que la physiologie soit d'accord avec le sentiment de l'art.

Mais ce n'est pas là, croyons-nous, la véritable objection qu'on pourra faire à M. Duchenne ; on lui reprochera plutôt de dépouiller l'art de tout idéal pour le réduire à un réalisme anatomique tout à fait dans les tendances d'une certaine école moderne. Et de fait, les essais qu'il a tentés sur trois célèbres antiques, l'*Arrotino,* le *Laocoon* et la *Niobé,* dont il a, dit-il, corrigé les fautes d'orthographe, paraîtront une application un peu brutale peut-être aux amoureux de l'idéal. Toucher à de pareils chefs-d'œuvre ! M. Courbet en trépignera de joie. Mais M. Ingres et toute l'École des Beaux-Arts !

Quant à nous, dont l'opinion dépourvue d'autorité ne peut avoir aucune conséquence, nous admirons la patience, le zèle, l'intelligence et la sagacité dont M. Duchenne a fait preuve dans ce travail. Étranger d'abord aux procédés de la photographie, il s'adressait aux photographes les plus habiles pour reproduire les contractions musculaires expressives qui naissent à volonté sous son savant réophore. Mécontent de ces essais, M. Duchenne se fait photographe lui-même, et quoiqu'il reconnaisse modestement qu'il n'est pas encore parvenu à la perfection, il produit déjà un album splendide comprenant 74 figures représentant les types les plus accentués des sentiments et des passions exprimés par les muscles de la face. Trop accentués, dirons-nous. C'est là le défaut de la photographie. L'art est plus discret, plus voilé, plus idéaliste. Il y a là des figures effrayantes de vérité, mais d'une vérité laide. L'art doit aspirer au beau, et pour nous, retournant la pensée du poëte, nous dirions volontiers :

Rien n'est vrai que le beau, le beau seul est aimable.

Amédée Latour.

Lettre de M. le Docteur DUCHENNE (de Boulogne)

A M. AMÉDÉE LATOUR,

EN RÉPONSE A QUELQUES OBSERVATIONS CRITIQUES SUR SON TRAVAIL   INTITULÉ :

MÉCANISME DE LA PHYSIONOMIE.

DE LA PHYSIOLOGIE ET DU NATURISME IDÉAL DANS LES ARTS PLASTIQUES (¹).

Mon cher confrère et ami,

Le magnifique article où vous me faites l'honneur d'analyser et de discuter mes recherches intitulées : *Mécanisme de la physionomie humaine,* soulève des questions de philosophie et d'esthétique sur lesquelles vous me mettez en demeure d'exprimer mon opinion ou de donner quelques éclaircissements. Vous désirez, sans aucun doute, me fournir l'heureuse occasion de réfuter des objections qui ne manqueront pas de venir à l'esprit de bien des gens; je vous en sais un gré infini.

« Ce n'est pas sans une certaine appréhension, dites-vous, que vous m'avez vu pénétrer sur le terrain si mobile de la psychologie. » C'est aussi en tremblant, croyez-le bien, mon cher ami, que j'ai osé traiter des facultés et des passions qui en sont le domaine. A peine, en effet, ai-je effleuré ces questions difficiles et surtout celle qui a trait aux lignes faciales expressives de certains actes de l'intelligence, que je vois se former l'orage et naître des objections.

Voici la première que vous m'avez adressée :
« Que le rhéophore ait la prétention d'assigner un ou deux des muscles à l'expression des passions, c'est déjà considérable; mais à l'expression des facultés intellectuelles! Vous voyez aussitôt la classe des sciences morales s'insurger contre cette ambition. M. Duchenne possède-t-il cette ambition? Historien fidèle, nous devons répondre oui et non..... »

Et moi, cher confrère, je réponds : Oui, en vous priant d'observer que nulle part je n'ai dit le contraire, et qu'à cet égard le doute n'est pas possible. J'ajouterai que je n'ai pas commis cette énormité philosophique dont vous me croyez coupable, à savoir, de confondre les facultés avec les passions de l'âme. J'ai écrit, en effet, dans le paragraphe intitulé : *Utilité de mes recherches au point de vue de l'application à la psychologie :* « On voit aussi que ces muscles ne sont pas seulement destinés à représenter l'image des passions, que certains actes de l'entendement peuvent même se réfléchir sur la face, etc... » — Ce passage, que vous avez cité dans son entier, se trouve à la page 52 de mon premier fascicule, immédiatement après le tableau synoptique des expressions faciales que j'ai pu produire expérimentalement.

J'ai écrit en tête du paragraphe où se trouve l'étude psychologique dont il est ici question : « La physiologie musculaire de la face humaine est intimement liée à la psychologie; on ne saurait le nier lorsqu'on me voit, pour ainsi dire, appeler successivement sur la face du cadavre l'image fidèle de la plupart des passions dénombrées et classsées par les philosophes », et

---

(1) Voir l'UNION MÉDICALE des 26 août et 2 septembre.

même, aurais-je dû ajouter, l'expression de certains actes de l'intelligence. Si ce dernier membre de phrase n'avait pas été oublié, ce malentendu n'aurait certainement pas existé entre nous. Pour qu'il ne soit plus possible, à l'avenir je modifierai le sous-titre de mon livre de la manière suivante : *Étude électro-physiologique sur l'expression physionomique des passions et de certains états de l'esprit.*

Mais vous craignez que j'aie un jour à me repentir d'une aussi grande hardiesse. En effet, de ce que j'ai dit que « la réflexion, le plus important, le plus noble état de l'esprit, celui qui paraît le plus abstrait, et la méditation qui est la mère des grandes conceptions, qui, chez certains hommes, est, pour ainsi dire, la passion dominante ; que toutes ces manifestations intellectuelles, en un mot, s'écrivent avec la plus grande facilité sur la physionomie, et cela seulement par la contraction partielle de l'un des muscles moteurs du sourcil, vous craignez, disje, que je ne me compromette de la manière la plus grave avec les psychologistes de l'Institut. Personne ne croira, soyez-en sûr, que Messieurs de l'Institut nient que différents états de l'esprit puissent être exprimés sur la physionomie humaine. Ce serait nier la lumière. Il suffirait d'ailleurs, pour voir la réflexion ou l'attention se peindre sur leur physionomie, de surprendre ces savants cherchant la solution d'un problème ou écoutant avec intérêt la lecture d'un travail. Qu'ils aient cru que le mécanisme de ce phénomène était plus compliqué, je le conçois. Mais s'ils voyaient, sous l'influence des contractions électro-musculaires localisées, les signes de l'intelligence illuminer la face hébétée de l'idiot, ou l'apparence de la vie intellectuelle se montrer sur la face du cadavre encore irritable, cela contrarierait peut-être leurs idées, mais ils ne pourraient nier alors la simplicité des moyens employés par la nature pour arriver à un résultat aussi merveilleux.

Il me tarde, mon cher ami, de relever quelques autres remarques critiques que vous voulez bien me faire avec votre bienveillance habituelle, mais qui me paraissaient des accusations sérieuses dont heureusement il me sera facile de me disculper.

Vous croyez qu'en formulant des règles, j'ai eu la prétention « d'enlever à l'artiste toute sa liberté, toute sa spontanéité. » N'ai-je pas prévu cette objection en démontrant dans un article, que les règles du mécanisme de la physionomie, déduites de l'expérimentation électro-musculaire, doivent éclairer l'artiste sans enchaîner la liberté de son génie (*loc. cit.*, p. 62)? Et puis, comment admettre que, sous prétexte de liberté et de beau idéal, l'artiste aurait le droit de changer, à sa fantaisie, les signes expressifs de la physionomie, ce langage muet de l'âme que l'homme n'a pas la faculté de modifier sur son propre visage, dès qu'il est écrit par ses passions et par son intelligence, ce langage universel que tous les êtres humains sont organisés pour modifier et comprendre, que l'on ne peut modifier conséquemment sans changer l'organisme de l'homme, ce langage, enfin, qui est une des merveilles de la Création ! Non, rationnellement, une pareille prétention n'est pas admissible.

Le plus difficile était de pénétrer les mystères de ce langage de la physionomie en mouvement, d'en connaître les règles telles qu'elles ont été instituées par la nature, et de les rendre applicables à l'enseignement et à la pratique des arts plastiques. Eh bien ! je crois à l'exactitude des règles dont je dois la découverte à mes expériences. Quant à l'enseignement et à la pratique de ces règles, ils seront des plus faciles ; car il n'est pas plus nécessaire de rechercher la raison anatomique des lignes expressives de la face, pour les peindre correctement, que de connaître la racine des mots pour les écrire conformément aux règles de l'orthographe et de la grammaire. La raison anatomique des lignes expressives est seulement une question de science. — Le temps, j'en ai la conviction, n'est pas éloigné où il ne sera pas plus permis à l'artiste d'ignorer l'orthographe de la physionomie humaine, qu'à l'homme qui a reçu une bonne éducation d'écrire correctement.

Mais voici une objection, la plus grave de toutes, dont la discussion fait le sujet principal de cette lettre, et qui me conduit à traiter du *naturisme idéal dans les arts plastiques*. Au premier abord, on me reprochera plutôt, dites-vous, « de dépouiller l'art de tout idéal, pour le réduire à un *réalisme* anatomique tout à fait dans les tendances d'une certaine école moderne..... » Oh ! si tel devait être le résultat de mes recherches, les hommes de goût, qui suivent les belles traditions de l'art, auraient droit et raison de me chasser du temple. Mais rassurez-vous, mon cher confrère, loin de conduire à ce réalisme moderne qui ne sait nous montrer la nature qu'avec ses imperfections, avec ses défauts et même avec ses difformités, qui ne paraît aimer que le laid, le commun ou le trivial, bien au contraire, les principes qui découlent de mes recherches expérimentales permettent à l'art d'atteindre l'idéal de l'expression faciale, en enseignant à peindre correctement et avec une parfaite vérité, comme la nature elle-même, le langage des passions et même certains actes de l'intelligence.

De même l'art antique a su nous faire connaître la beauté plastique, la beauté matérielle, en copiant exactement la nature. Mais, contrairement au réalisme moderne, l'art antique a imité la nature dans ce qu'elle a créé de plus beau, de plus noble et de plus parfait. Aussi a-t-il su toujours se maintenir dans les hauteurs de l'idéal, à force de vérité. En un mot, possédant les notions physiologiques exactes sur les proportionnalités du corps humain et sur les reliefs musculaires qui se produisent à la surface pendant les mouvements, il a fait — permettez-moi d'anoblir une expression dont on a corrompu le vrai sens — du *naturisme idéal*. On en trouve des preuves nombreuses dans les chefs-d'œuvre qu'il nous a légués. C'est ce que je me réserve de démontrer bientôt.

Cette imitation de la nature excitait l'admiration générale chez les anciens, comme l'attestent les passages suivants de Galien où il reproche à une certaine secte philosophique (aux atomistes), et surtout à Épicure et à Asclépiade, de ne pas reconnaître l'art dans la nature, alors qu'ils accordent toute leur admiration aux artistes qui n'en sont que les imitateurs. « Certes, dit le physiologiste de Pergame, il faut admirer ces hommes qui, refusant l'art à la nature, louent les statuaires lorsqu'ils font le côté droit exactement semblable au côté gauche, et ne louent pas la nature..... Est-il juste d'admirer Polyclète pour la symétrie des formes dans la statue qu'on appelle le *canon*, et non seulement de ne pas célébrer la nature, mais de lui refuser toute espèce d'art..... Polyclète lui-même n'est-il pas l'imitateur de la nature dans les choses qu'il pouvait imiter ? » (*Utilité des parties du corps*, XVII, I, p. 204 ; trad. de Daremberg, 1856.)

Dès la plus haute antiquité, les artistes grecs n'ont pas craint d'enchaîner leur liberté en se soumettant à des règles sévères, en se servant même du compas pour donner à leurs statues les proportions du corps humain les plus belles et les plus naturelles. Un artiste érudit, dont les recherches et les écrits ont jeté de vives lumières sur l'histoire des beaux-arts, M. Ch. Blanc, nous a fait connaître, dans un article remarquable (Voy. *Grammaire historique des arts et du dessin*, VII : *Proportions du corps humain, Gaz. hist. des arts*, t. VII, p. 193. — Ce titre seul indique que lui et moi poursuivons la même but), les règles qu'ils ont observées pour atteindre toujours une aussi grande perfection dans la symétrie des membres et la proportionnalité du corps humain.

La découverte de ce savant et la question historique traitée par lui n'intéressent pas moins la physiologie que les arts plastiques; aussi vous demanderai-je la permission de l'exposer ici succinctement.

Huit siècles avant l'ère chrétienne, deux sculpteurs (Téléclès et Théodore, fils de *Rhœcus*) avaient importé en Grèce les règles observées en Égypte pour les proportions du corps humain. Éloignés l'un de l'autre, ils avaient exécuté, d'après ces règles, chacun une moitié de l'Apollon pythien commandé pour les habitants de la ville de Samos, avec une telle symétrie qu'ils avaient pu en ajuster parfaitement chacune des parties. On comprend qu'après un aussi beau résultat l'art plastique ait adopté, chez les Grecs, des règles qui avaient pu diriger le génie de ces artistes d'une manière aussi merveilleuse, quoiqu'elles fussent d'importation étrangère.

Trois siècles plus tard, un autre sculpteur grec, Polyclète, contemporain de Phidias, composa un livre dans lequel il exposa les règles sur les proportions de toutes les parties du corps, et joignant l'exemple aux préceptes, il fit une statue qui réunissait toutes les perfections. Elle représentait un garde du roi des Perses, un *doryphore*, ainsi que nous l'apprennent Cicéron (*Brutus*, 6, § 86), Pline (XXXIV, XIX) et aussi Galien (*De temp.*, I, IX). Cette statue, appelée *Canon de Polyclète, la règle par excellence,* fut adoptée, dans toute la Grèce, avec les préceptes du maître, comme le plus beau modèle à suivre dans la pratique des arts plastiques.

Hélas! cette statue magnifique et les préceptes du grand artiste, tant vantés par les écrivains de l'antiquité, n'ont pas été retrouvés. La tradition en était déjà perdue du temps de Vitruve, qui, on le sait, a proposé une manière nouvelle de déterminer les plus belles proportions du corps humain. Cette méthode, d'après laquelle la tête égalerait quatre longueurs de nez, le corps huit longueurs de tête, etc., a été adoptée par les plus grands maîtres, et dans l'enseignement officiel, depuis la renaissance jusqu'à nos jours. Elle est trop connue pour que j'aie à la décrire ici.

Les défauts et les inexactitudes de cette méthode ont été démontrés (*loc. cit.*, p. 195) par M. Ch. Blanc, dont je partage entièrement l'opinion. Quelle que soit la valeur de ce jugement, il est facile de constater que ces divisions du corps humain ne sont pas du tout applicables aux chefs-d'œuvre de l'art grec qui enrichissent nos musées.

Quelle était donc la clef des proportions de ces admirables antiques; en d'autres termes, quel était le canon égyptien et quel était le célèbre canon de Polyclète? Tel est le problème que s'est posé M. Ch. Blanc. Il l'a résolu habilement et de la manière la plus heureuse. Voici, en peu de mots, comment il y est arrivé.

Dioscoride avait prétendu que les plus anciens sculpteurs grecs, disciples des Égyptiens (les fils de Rhœcus), divisaient le corps en vingt et une parties et un quart. Mais, comme le dit avec raison M. Ch. Blanc, « il n'est pas possible que les Égyptiens aient divisé la hauteur du corps humain en vingt et une parties, car en expérimentant cette manière de mesurer, on ne rencontre pas justement les points de section marqués par la nature elle-même. En d'autres termes, l'ouverture du compas égale à la vingt et unième partie touche presque toujours en deçà ou au delà des articulations, au-dessus ou au-dessous des principales lignes tracées par le divin géomètre. » (*Loc. cit.*, p. 195.) Il ne faut donc point s'étonner si la prétendue division du corps de l'homme en vingt et une parties n'a été suivie par aucune école, et si les proportions proposées comme type de beauté par Vitruve, contemporain de Dioscoride, ont été accueillies avec plus de faveur.

Cependant, ces vingt et une divisions du canon égyptien sont réellement dessinées sur des figures égyptiennes; M. Ch. Blanc les a retrouvées au Louvre, dans les vitraux du Musée égyptien, sur des bustes de rois et de reines; il les a rencontrées parmi les figures qui avaient été dessinées d'après des bas-reliefs de frises de tombeaux égyptiens, dans un ouvrage de M. Lepsius, publié à Leipsic, en 1852, et intitulé : *Choix des monuments funéraires.* M. Ch. Blanc a reproduit quelques-unes de ces figures dans son article de la *Gazette des Beaux-Arts.*

L'une d'elles, d'une élégance imposante, et qui est l'expression figurative du canon égyptien, est divisée dans toute sa hauteur en vingt et une parties et un quart par des lignes transversales, toutes placées à égales distances les unes des autres. Mais, ainsi que le fait remarquer M. Ch. Blanc, *on ne compte que dix-neuf divisions du talon au sommet de la tête, les deux dernières et un quart ne mesurant que la hauteur de la coiffure.*

C'est certainement par inadvertance que Dioscoride a compris ces deux dernières divisions et un quart dans la mesure du corps de l'homme, et c'est pour cette raison que le canon égyptien, tel que l'a commenté cet écrivain, n'a pas pu être adopté par ses contemporains ni par l'art moderne.

Mais, quel a été le principe fondamental du canon égyptien? La figure que ce canon représente, est la solution parlante du problème. « Elle paraît, dit M. Charles Blanc, dessinée tout exprès pour indiquer à la fois les proportions du corps humain et l'unité des mesures, les divisions et le diviseur. Et l'unité n'est point ici d'une dimension variable et inexacte comme le nez, c'est un doigt qui, étant composé entièrement d'os, est d'une longueur précise et invariable, le doigt médius de la main étendue (1). »

Ce n'est point au hasard que M. Ch. Blanc doit cette découverte si importante pour les arts plastiques. Chrysostome Martiné, anatomiste du XVIIIe siècle, commentateur d'*Albinus,* auteur très utile à consulter pour l'histoire de l'anatomie italienne, lui avait appris, dans le texte de ses planches anatomiques, « que de tous les os de l'homme ceux de la main sont les seuls qui croissent toujours dans les mêmes proportions, de sorte que, depuis l'enfance jusqu'à la virilité, la main garde constamment les mêmes rapports de longueur avec l'ensemble du corps. » Cette observation a été pour M. Ch. Blanc un trait de lumière : « Les os de la main, dit-il, conservant avec le corps une relation invariable, il était à présumer que les prêtres égyptiens, qui connaissaient si profondément les lois de la nature, avaient choisi leur unité de mesure dans la main (*loc. cit.,* p. 200). » Ce pressentiment a guidé M. Ch. Blanc dans ses recherches sur le canon égyptien; on vient de voir avec quel bonheur il s'est réalisé.

L'honneur de retrouver, après plus de deux mille ans d'oubli, la clef du *canon de Poly-*

---

(1) Ne pouvant, faute de place, reproduire ici cette figure du canon égyptien, j'en indiquerai seulement toutes les divisions, telles qu'elles sont indiquées par M. Ch. Blanc (*loc cit.,* p. 201). On mesure du sol à l'attache du pied, une longueur de médius; de l'attache du pied en bas de la rotule, quatre longueurs ; du bas de la rotule au haut de la rotule, une longueur; du haut de la rotule au bas du ventre, quatre longueurs ; du bas du ventre au nombril, une longueur ; du nombril aux pectoraux, trois longueurs; des pectoraux à l'os hyoïde (pomme d'Adam), deux longueurs ; de l'os hyoïde à la base du nez, une longueur ; de la base du nez aux frontaux, une longueur ; des frontaux au sommet du crâne, une longueur, — division qui n'est jamais remplie; deux divisions et un quart mesurent la coiffure; pour les membres supérieurs, de l'articulation du médius à l'attache du poignet, une longueur; de l'attache du poignet à la saignée, trois longueurs ; de la saignée à la tête de l'humérus, trois longueurs ; de la tête de l'humérus à l'os hyoïde, une longueur.

clète, lui était également réservé. Dans une note de Galien, dont la portée, sinon le sens, n'avait pas été comprise avant lui, il a découvert que ce célèbre canon reposait sur le même principe que le canon égyptien : « Pulchritudinem vero non in elementorum, sed in membrorum con-
» gruentiâ, *digiti* videlicet ad *digitum,* digitorumque omnium ad palmam et ad manus arti-
» culum et horum ad cubitum, cubiti ad brachium, omnium denique ad omnia positam esse
» censet; perinde atque in Polycleti normâ litteris mandatum conspiscitur. » (*Galien, de*
» *Hypocratis et Platonis Decretis,* livre V, p. 255 de l'édition in-folio de Venise, 1565.)

Il est donc prouvé (je le crois du moins avec M. Ch. Blanc) que le canon égyptien était connu et pratiqué en Grèce du temps de Polyclète, et que les proportions dont ce grand statuaire avait écrit les règles et sculpté le modèle, étaient conformes à celle que les prêtres égyptiens enseignèrent aux fils de Rhœcus, mille ans avant l'ère chrétienne.

Il n'est personne, assurément, mon cher confrère, qui ne saisisse l'importance, pour l'art, de la découverte de l'étalon qui forme la base, le diviseur du canon égyptien, de cette mesure si vénérable par son antiquité. Mais ce qui lui donne encore plus de valeur, c'est que M. Ch. Blanc en a vérifié la justesse sur les figures archaïques du temple d'Égine et sur les plus anciennes statues grecques du Louvre, telles que l'Athlète et l'Achille. La distance du nombril aux pectoraux est la seule qui ne soit point exacte. « La différence que nous avons constatée, dit M. Ch. Blanc, dans la distance du nombril au creux de l'estomac, s'explique naturellement par la position droite et raide du modèle égyptien, comparée à celles des autres figures, qui portent toutes, plus ou moins, sur une hanche, et ne sont jamais dans la pose d'un homme que l'on mesure. Quant aux membres d'une dimension invariable, ils sont tous conformes au canon égyptien..... » (*Loc. cit.,* p. 204.)

Je voudrais vous donner une idée plus complète des savantes recherches de M. Ch. Blanc, sur la proportionnalité du corps humain ; vous entretenir, par exemple, de la proportionnalité des doigts, des phalanges, chez les Égyptiens. Il a même reproduit une figure représentant un canon égyptien du lion, avec un treillage en carreaux où l'on reconnaît les divisions proportionnelles de ce roi des animaux, divisions dont l'unité est constituée par l'*ongle,* unité parfaitement connue des Grecs, puisque Phidias, dit l'histoire, détermina la taille et les proportions d'un lion d'après l'ongle de cet animal. — Ce qui, sans doute, a fait dire *ab ungue leonem.* — Mais l'espace me manque et je craindrais d'abuser de votre attention.

Je m'attirerais cependant un reproche mérité, si je passais sous silence une belle remarque philosophique de M. Ch. Blanc sur la dix-neuvième division du corps humain, celle qui mesure le centre nerveux, siége de l'intelligence. Oh ! quant à cet organe, à Dieu seul appartient, d'après les Égyptiens, le droit d'en fixer le développement. M. Ch. Blanc a reproduit les figures d'une frise, dessinées dans l'ouvrage de M. Lepsius. Elles représentent un certain nombre de personnages sur lesquels est tracé un réseau de lignes verticales et horizontales. Voici l'observation importante qu'il a faite sur la dix-neuvième division de ces figures, division affectée à l'organe de l'intelligence. « Il est remarquable, dit M. Ch. Blanc, que pas un de ces personnages ne touche à l'extrémité de la dix-neuvième division, en conséquence, qu'aucun d'eux n'a exactement en longueur dix-neuf fois son médius. Toutes les figures du bas-relief ont dix-huit mesures, plus une fraction ; mais la variété ne se produisant qu'à partir de la dix-huitième, chaque figure est conforme au canon, depuis la plante des pieds jusqu'aux frontaux, dans toutes les parties de la vie organique. Les différences ne sont sensibles que dans le développement et la forme du crâne, c'est-à-dire dans l'organe de la volonté et de la pensée ; de sorte que, pour ces philosophes qui avaient plongé si avant dans la nature, l'unité absolue du type annonçait déjà la variété des êtres. L'exemplaire primitif, tel qu'il était sorti des mains de Dieu, était l'image d'une perfection suprême à laquelle aucun individu ne pouvait atteindre. Réaliser dans sa plénitude le type original, le modèle accompli, cela n'était donné à personne, pas même à ces Pharaons que divinisaient l'ignorance et la crainte. »

L'art antique n'a pas été moins fidèle imitateur de la nature pour nous la montrer dans son vrai beau, lorsqu'il a représenté les forces qui président aux attitudes et aux mouvements du tronc et des membres, lorsqu'il a fait connaître le jeu musculaire qui se manifeste à l'extérieur par des reliefs et des dépressions.

Mes recherches électro-physiologiques et pathologiques m'ont appris bien des faits nouveaux en physiologie musculaire, faits qui aujourd'hui sont admis dans la science et vulgarisés par l'enseignement. Eh bien ! ceux d'entre eux qui peuvent se traduire sur les formes extérieures du corps et des membres, je les ai retrouvés exactement modelés sur les marbres antiques que j'ai admirés dans plusieurs musées d'Europe; j'ai toujours pu, et rien qu'en promenant ma main sur la surface de ces marbres, reconnaître à l'aide de quelques reliefs musculaires quels devaient être leurs attitudes et leurs mouvements.

Dans ces chefs-d'œuvre, les reliefs musculaires et tendineux sont naturels et en parfait accord avec la physiologie. Quelle énergie, par exemple, quelle vérité de mouvements et en même temps quelle sobriété de reliefs dans le beau groupe des lutteurs (du Musée de Florence) et dans le célèbre gladiateur Borghèse (du Musée du Louvre)!

Les sculpteurs grecs savaient aussi, par des reliefs musculaires, donner la vie aux attitudes les plus tranquilles. Regardez leurs Vénus dont tout le monde admire la grâce et la morbidesse des chairs, ou promenez la main sur la surface de leur tronc, de leurs membres, vous constaterez que leur repos n'est qu'apparent, que les combinaisons musculaires si complexes, en vertu desquelles leurs attitudes peuvent être produites, se montrent avec une admirable vérité et se sentent au toucher. Leur génie d'observation allait même jusqu'à exprimer l'abandon de la vie musculaire, et la chute du corps, chez le combattant frappé mortellement. J'en ai vu un très bel exemple au Musée Borbonico de Naples, chez un athlète blessé, connu sous le nom d'*Aiace*. Il veut tomber courageusement, en souriant, ainsi que cela était alors en honneur ; il est encore debout, mais penché tellement en arrière et hors de son aplomb que cette attitude ne peut être conservée sans la contraction énergique d'un ensemble de muscles. Et cependant l'on voit et l'on sent avec la main que tous ses muscles sont dans le relâchement, qu'inévitablement il s'affaisse lui-même.

« De quelle école sont donc sortis ces magnifiques chefs-d'œuvre de la statuaire antique dont nous ne pouvons admirer aujourd'hui que les débris ?

» On ne manquerait pas de supposer une science anatomique profonde à ceux qui les ont produits, si on ne savait le contraire. Il paraît, en effet, démontré que, chez les Grecs, l'anatomie était généralement ignorée ; elle eût blessé leur religion ; les dissections humaines eussent été considérées comme un sacrilège.

» C'est que, chez les Grecs, l'étude du nu était singulièrement favorisée par les mœurs; c'est que l'artiste avait de fréquentes occasions d'étudier le jeu des muscles sur des sujets qui possédaient à la fois la force, l'adresse et la beauté des formes, toutes qualités alors en honneur.

» Cette science précieuse, indispensable, la science du modelé vivant, née seulement de l'observation de l'homme nu en mouvement, était elle-même une véritable étude d'anatomie vivante, *sans laquelle la connaissance de l'anatomie morte n'aurait pu produire que des écorchés ou des difformités.* C'est du moins ce que l'expérience a appris plus tard. L'exagération de la science anatomique ne fut-elle pas, en effet, une des principales causes de la décadence de l'art? » (*Mécanisme de la physionomie,* premier fascicule, page 57.) — A ces lignes j'ajouterai les remarques suivantes :

L'étude de la proportionnalité du corps humain, chez les anciens, a été bien moins difficile que celle du nu en mouvement; la connaissance des reliefs produits à la surface du corps par les mouvements et par les attitudes constitue une véritable science. La vie d'un seul homme, quel qu'ait été son génie d'observation, n'a pu certainement suffire à l'établissement des règles de cette science profonde ; il est donc très probable que, pour son enseignement et sa vulgarisation, il a existé aussi une sorte de *canon musculaire.*

Contrairement aux artistes de l'antiquité, les modernes n'ont pas suffisamment étudié l'espèce d'anatomie vivante des anciens (le nu en mouvement) concurremment avec l'anatomie morte. Il ne suffit pas, en effet, de copier un modèle nu ; il faut encore analyser les reliefs de ses muscles, non seulement au repos et dans toutes les attitudes possibles, mais encore dans les mouvements infiniment variés de la lutte, de la course et même de la chute du corps. Malheureusement, les modernes ne le pouvaient pas, comme dans l'antiquité, en raison de la différence des mœurs et des habitudes. Aussi en est-il résulté que trop souvent les artistes modernes, faisant un vain étalage de science anatomique, ont abusé des reliefs musculaires, au point que, dans leurs œuvres, la vie musculaire ne se retrouve nulle part ; c'est-à-dire qu'il est alors impossible ou difficile de reconnaître à la vue ou au toucher, comme dans les antiques, l'action musculaire productrice des mouvements et des attitudes. Trop souvent aussi il leur est arrivé de nous montrer des difformités ou des mouvements pathologiques, alors qu'ils voulaient nous représenter la force. Que d'exemples de luxations, de paralysies et d'atrophies musculaires je pourrais choisir, à l'appui de ces assertions, dans les œuvres modernes! Et c'est ce que l'on ose appeler liberté de l'art! C'est licence qu'il faudrait dire, licence que l'on chercherait en vain chez les Grecs qui connaissaient à fond, quoique empiriquement, les règles de la physiologie des formes.

En résumé, mon cher confrère, des faits et des considérations précédentes, ne conclurez-vous pas avec moi que si, dans l'antiquité, les statuaires grecs ont pu s'élever pour la symétrie et la forme du corps jusqu'au beau idéal, c'est seulement par l'imitation de la belle nature ; qu'ils ont, en d'autres termes, fait du *naturisme idéal*, deux mots dont la réunion a pu vous choquer au premier abord, mais qui exprime parfaitement ma pensée. Ne vous est-il pas maintenant également démontré qu'ils n'ont pas craint d'enchaîner leur liberté et leur spontanéité, en se soumettant aux règles sévères, instituées par les maîtres de l'art, dans l'étude soit de la proportionnalité du corps humain, soit des reliefs musculaires produits par les mouvements et par les attitudes.

Que l'on n'aille pas conclure de ce qui précède, qu'il suffise de copier exactement la nature, même dans ses œuvres les plus parfaites, pour arriver au *beau dans l'art.* Il n'est pas besoin de dire qu'il faut de plus à l'artiste le *génie qui crée.*

Je ne dirai donc pas avec M. Latour :

> Rien n'est vrai que le beau. . . .

ni avec Boileau :

> Rien n'est beau que le vrai. . . . . .

mais j'écrirai :

> Rien n'est beau sans le vrai.

Combien j'aurais été heureux de trouver sur ces marbres antiques la même imitation de la nature, pour l'expression de la physionomie en mouvement !

J'ai eu le regret d'avoir à dire qu'en général ils l'ont complétement négligée. Voici la raison que j'en ai donnée : « Chez les Grecs, on le sait, la beauté plastique était presque seule en honneur, et le culte de la forme était poussé si loin, que les signes expressifs des émotions de l'âme lui étaient presque toujours sacrifiés. Dans la crainte de nuire à la perfection et à la tranquillité des lignes, les artistes faisaient taire les passions et représentaient, en général, la physionomie dans son calme le plus parfait. Aussi ne peut-on admirer, sur la plupart de leurs statues, que la beauté matérielle, celle qui parle seulement aux sens. N'en demandez pas davantage à leurs innombrables Vénus : elles n'ont ni cœur ni esprit. » (*Loc. cit.,* — Texte de l'album, *Étude critique de quelques antiques,* page 123.)

Lorsque exceptionnellement les sculpteurs ont voulu peindre sur la face un mouvement de l'âme ou un état de l'esprit, ils ne se sont plus montrés, de même que pour la beauté plastique, les fidèles imitateurs de la nature, et ils ont prouvé qu'ils ignoraient les règles et l'harmonie des lignes expressives de la physionomie. J'ai choisi pour exemple et à l'appui de mes assertions plusieurs célèbres antiques. Voici en quels termes M. Verneuil, qui aussi a publié un savant et remarquable article sur mes recherches, rend compte de cette critique :

« M. Duchenne termine son travail par l'*étude critique de quelques antiques au point de vue des mouvements expressifs du sourcil et du front;* il examine ainsi trois types bien connus : l'Arrotino (rémouleur), deux Laocoon et la Niobé. Tout en partageant l'admiration générale qu'on professe pour ces œuvres immortelles, il y constate des FAUTES D'ORTHOGRAPHE FACIALE, ou, en d'autres termes, des contradictions expressives, physiologiquement impossibles dans la nature. Il va plus loin, et montre qu'en rétablissant la vérité physiologique, c'est-à-dire en supprimant l'un ou l'autre des traits discordants, on obtient à volonté (pour l'Arrotino, par exemple) une expression bien distincte d'un sentiment que le sculpteur a voulu produire avec raison, mais qu'il a gâté en péchant par excès.

» M. Duchenne cherche à pallier sa critique, et ce n'est presque qu'en tremblant qu'il touche à ces arches saintes de l'art; nous ne blâmons pas ces formes oratoires, mais nous les croyons trop timides. Depuis longtemps, une vieille querelle existe entre les artistes d'une part, les anatomistes et les physiologistes de l'autre. »

Ici notre savant confrère démontre la compétence et la validité de notre critique, et, à l'appui de son jugement, il invoque celui du plus grand poète des temps modernes. « Au » point où la civilisation est parvenue, dit Hugo, l'exact est l'élément nécessaire du splendide, » et le sentiment artiste est non seulement servi, mais complété par l'organe scientifique. » L'art, qui est le conquérant, doit avoir pour point d'appui la science, qui est le marcheur » la solidité de la monture importe. »

Mon étude critique des antiques a paru vous impressionner tout autrement; elle n'a pu trouver grâce auprès de vous, car voici comment vous l'avez jugée : « Les essais que M. Duchenne a tentés sur trois célèbres antiques : l'*Arrotino,* le Laocoon et la Niobé, dont il dit avoir corrigé les fautes d'orthographe, paraîtront une application un peu brutale peut-être aux amoureux de l'idéal. Toucher à de pareils chefs-d'œuvre! M. Courbet en trépignera de joie; mais M. Ingres et toute l'École des Beaux-Arts! »

J'ai déjà protesté vivement contre cette assimilation de mes recherches au réalisme moderne, qui, aux yeux des hommes de goût, signifie négation du beau. Je déclare de nouveau que je suis naturiste, non pas à la manière de Caravage, ni de M. Courbet, qui a relevé le drapeau de ce maître illustre, sous le nom de *réalisme,* mais suivant les préceptes de l'art antique, en aimant l'imitation de la belle nature. Oui, je fais, comme vous le dites, *du naturisme anatomique,* et bien plus encore *du naturisme physiologique,* car l'anatomie sans la physiologie conduit, dans les arts plastiques, à l'exagération d'une certaine école anatomique que je viens de critiquer pour avoir tant abusé des reliefs musculaires. Je veux que, à l'exemple des artistes grecs qui, pour représenter la beauté plastique, cette idole de l'antiquité, ont parfaitement imité la nature, je veux, dis-je, que l'on peigne aussi comme la nature les lignes expressives de la physionomie humaine, cette merveille de la création dont l'étude ne date réellement que de l'art chrétien.

Cette imitation parfaite de la nature ne peut être obtenue que par la connaissance exacte de la physiologie. Chez les statuaires grecs, il est vrai, l'étude physiologique des formes du corps humain se faisait empiriquement, c'est-à-dire qu'ils observaient seulement les reliefs musculaires et tendineux qui se produisent pendant les mouvements à la surface du tronc et des membres, sans en chercher la raison anatomique, tandis que mes recherches physiologiques sur l'expression de la physionomie humaine ont été faites scientifiquement, en m'éclairant concurremment de l'anatomie, de l'expérimentation électro-physiologique et de l'observation de la nature. Bien que les procédés que j'ai employés soient différents, le but commun, la recherche du beau idéal par l'imitation de la nature, étant le même que chez les anciens, les résultats doivent être identiques et ne peuvent pas aboutir, comme vous le craignez, au réalisme moderne.

Soyez certain que si les sculpteurs grecs n'ont pas toujours tracé les lignes expressives de la physionomie correctement, telles qu'elles ont été instituées par la nature, c'est parce qu'ils en avaient une connaissance imparfaite; croyez bien aussi que si ces admirateurs de la nature avaient possédé les moyens scientifiques qui m'ont permis de formuler les règles de l'expression physionomique, ils les auraient suivies fidèlement; ils en auraient fait probablement le *canon de l'expression faciale.*

Mes essais critiques de quelques antiques sont-ils fondés? C'est ce que vous aviez à examiner, puisque vous les blâmiez.

J'ai dit que les lignes du front de l'Arrotino ne peuvent coexister avec la direction et la forme des sourcils; que l'on ne peut rétablir l'harmonie entre ces différentes parties, sans modifier l'expression, et que les corrections que j'avais faites exprimaient parfaitement ou la curiosité de l'espion qui écoute, ou la douleur sympathique de l'esclave chargé par Apollon d'écorcher Marsyas. — J'ai démontré, par l'anatomie et la physiologie, que le modèle du front du Laocoon est impossible, et que, en faisant disparaître ses incorrections, l'expression de la douleur devient plus belle et plus complète. — Vous ne m'avez pas prouvé, mon cher confrère, que ces assertions ne sont pas fondées.

Enfin, après avoir rendu hommage à la Niobé, comme à l'une des sublimes beautés de l'art antique, à ce chef-d'œuvre sorti, dit-on, des mains de Praxitèle, c'est, pour ainsi dire, à genoux et en tremblant que j'ai osé signaler quelques *desiderata* ou incorrections mises en lumière par mes expériences électro-physiologiques et confirmées par l'observation de la nature. Permettez-moi de rappeler les termes de cette critique :

« L'artiste, ai-je dit, avait à peindre la vive affliction, le désespoir d'une mère qui voit massacrer ses enfants.

« Praxitèle nous montre cette mère éplorée serrant convulsivement contre son sein la dernière de ses filles que la vengeance de Diane vient de frapper mortellement. En présence de ce chef-d'œuvre de l'un des plus grands maîtres de l'art antique, on reste frappé d'une douloureuse admiration, tant cette scène est dramatique. Telle est du moins la première impression que j'ai ressentie en entrant dans la salle des Niobés, de la galerie de Florence.

» Mais en regardant plus attentivement la physionomie de Niobé, j'ai bientôt été étonné de la tranquillité de ses traits, tranquillité contrastant avec le mouvement extraordinaire que Praxitèle a su donner à son geste et à son attitude qui trahissent l'agitation de son âme.

» Pour exprimer sur la face de cette mère la douleur qui produit cette agitation générale, l'artiste a imprimé à son sourcil une direction oblique de bas en haut et de dehors en dedans. Il a ennobli cette expression douloureuse en tournant son regard vers le ciel.

» Assurément, cette obliquité plus ou moins grande du sourcil s'observe dans la douleur ; mais elle ne saurait suffire à exprimer cette passion. Telle est, en effet, chez un assez grand nombre de personnes, la forme naturelle du sourcil à l'état de repos, c'est-à-dire alors même qu'elles n'éprouvent aucune émotion de l'âme.

» Le mouvement douloureux du sourcil, en d'autres termes, l'action du muscle qui produit ce mouvement (du sourcilier), sont caractérisés par un ensemble de lignes et de reliefs inséparables, à savoir : l'obliquité du sourcil, le gonflement de sa tête et les sillons frontaux médians.

» Un fait d'une telle importance — qui est démontré par l'expérimentation électro-physiologique (voyez les figures consacrées à l'étude du muscle sourcilier) — aurait-il échappé au génie d'observation de Praxitèle ? Ou bien a-t-il craint de troubler l'harmonie des belles lignes de sa Niobé par une imitation trop servile de la nature ?

» Mais Niobé eût-elle donc été moins belle, si l'émotion terrible de son âme avait, comme le fait la nature, gonflé la tête de son sourcil oblique, si quelques plis douloureux avaient sillonné la partie médiane de son front ? Rien n'est au contraire plus émouvant et plus sympathique que la douleur qui s'écrit ainsi sur un front jeune et habituellement uni pendant le repos de l'âme. » (*Loc. cit.*, p. 123.)

Ces remarques ne sont-elles pas entièrement vraies ; et puis, je vous le demande de nouveau, mon cher confrère, une critique faite dans ces termes et dans cette forme sent-elle le réalisme ?

Une autre raison que celle dont je viens de démontrer le peu de fondement a pu agir défavorablement sur votre esprit ; elle m'a valu, sans doute, la qualification de *réaliste* que vous m'avez infligée : c'est l'impression peu agréable, occasionnée par la vue des figures photographiées qui représentent la plupart de mes expériences sur l'expression de la physionomie humaine.

Le sujet d'après lequel les principales figures qui forment la partie scientifique de mon album, était en effet un vieux *savetier* dont les traits sont laids et vulgaires. Un pareil choix devait paraître étrange à des hommes de goût; des amateurs éminents qui ont cru que cet album avait été composé au point de vue esthétique, m'ont dit, en le parcourant : Pourquoi donc toujours cette figure de *portier* dans une question d'esthétique? J'aurais préféré, vous n'en douterez pas, mon cher ami, ne montrer que des figures jeunes et belles; mais il me fallait avant tout exposer scientifiquement la raison des lignes expressives de la face, et un *Adonis* aurait bien moins convenu que mon vieux et laid modèle à cette étude physiologique.

J'ai déjà fait connaître les motifs qui ont déterminé mon choix. « A cette figure triviale, ai-je dit, je n'ai pas préféré des traits nobles et beaux. Ce n'est pas que l'on doive montrer la nature dans ses imperfections, pour la représenter exactement; j'ai voulu seulement démontrer qu'en l'absence de beauté plastique, malgré les défauts de la forme, toute figure humaine peut devenir moralement belle par la peinture fidèle des émotions de l'âme. » (*Loc. cit.* Texte de l'album, page 6.) J'avais encore d'autres raisons pour donner la préférence à ce sujet; les voici en quelques mots : Sa face était insensible; ce qui me permettait d'étudier l'action individuelle des muscles avec autant de sûreté que sur le cadavre; sa vieillesse avait développé toutes les lignes produites par les muscles expressifs, lignes divisées, on le sait, en lignes fondamentales qui constituent l'expression, et en lignes secondaires qui indiquent l'âge du sujet et les différents degrés du mouvement expressif; quoi qu'il fût peu intelligent, sa physionomie subissait de nombreuses transformations; sous l'influence de mes rhéophores, on la voyait ennoblie par les signes de la pensée (l'attention, la réflexion), ou animée par des passions diverses; enfin, pour arriver à la solution de mon problème, j'avais à choisir entre la face de ce sujet et celle du cadavre, qui, par l'excitation électrique, exprime les passions tout aussi fidèlement que le vivant. Or rien n'étant plus hideux et repoussant qu'un tel spectacle, je ne pouvais hésiter un seul instant.

Mon sujet convient donc à la démonstration des faits physiologiques que j'ai eu à établir, mais je sens que ce type vulgaire ne répond pas à toutes les exigences de l'esthétique. Bien qu'à l'aide de mes rhéophores j'aie pu tracer les lignes des sentiments les plus élevés et les pensées les plus profondes sur cette face commune et triviale, sur ce front peu intelligent, je ne veux cependant pas qu'un pareil type serve à traduire les grandes et nobles actions. Je ne puis aimer, par exemple, Caravage, — dont j'admire toutefois la science du clair obscur — allant toujours chercher ses modèles dans les tripots et les cabarets, alors même qu'il veut représenter les scènes les plus élevées de la religion.

Et d'ailleurs n'avais-je pas écrit : « J'aurai à reproduire quelques expressions sur d'autres individus; je saisirai alors cette occasion pour réunir, autant que possible, l'ensemble des conditions qui constituent le beau, au point de vue plastique. » (*Loc. cit.— Explication des légendes*, page 8.)

Je viens donc aujourd'hui remplir cet engagement et répondre à ces *desiderata* de l'art. M'efforçant de satisfaire ceux qui possèdent comme vous, mon cher ami, le sentiment du beau, et désirant plaire en instruisant, j'ai fait de nouvelles expériences électro-physiologiques dans lesquelles vous trouverez, j'espère, l'ensemble des conditions principales exigées par l'esthétique, c'est-à-dire la beauté de la forme associée à la vérité de l'expression physionomique, de l'attitude et du geste.

Je vous envoie la première série des figures photographiées qui représentent ces expériences et qui formeront la partie esthétique de l'atlas du *Mécanisme de la physionomie humaine*. J'attends votre jugement sur la valeur de ces nouveaux essais.

Recevez, mon cher confrère, l'assurance des sentiments les plus affectueux de votre tout dévoué.

DUCHENNE (de Boulogne).

Paris, boulevard des Italiens, n° 33, octobre 1862.

MÉCANISME DE LA PHYSIONOMIE HUMAINE

1 vol. in-8°, format jésus.

Iᵉʳ Fascicule, accompagné d'une photographie spécimen d'une expérience électro-physiologique. . . . . 4 fr. 50

ATLAS DU MÉCANISME DE LA PHYSIONOMIE HUMAINE, partie scientifique, composée de 72 photographies avec texte explicatif.

Le texte qui accompagne ces figures se divise en 12 parties :

I. Préparations anatomiques et portraits.	VII. Muscle de la lasciveté.
II. Muscle de l'attention.	VIII. Muscle de la tristesse.
III. Muscle de la réflexion.	IX. Muscle du pleurer et du pleurnicher.
IV. Muscle de l'agression.	X. Muscles complémentaires de la surprise.
V. Muscle de la douleur.	XI. Muscle complément. de la frayeur et de l'effroi.
VI. Muscle de la joie et de la bienveillance.	XII. Étude critique de quelques antiques.

L'Atlas de la partie scientifique est publié en vingt-quatre livraisons.

Chaque livraison contiendra 3 figures, et le texte de chaque division paraîtra entièrement dans la livraison à son ordre de classement.

Le prix de la livraison est de 2 fr 25 c.

Un carton portefeuille spécial est mis, dès la première livraison, à la disposition du souscripteur. Le prix de ce portefeuille est de 1 fr.

L'Atlas étant terminé, nous pouvons fournir tout de suite des exemplaires au prix de 50 fr.

Il a été fait une *édition de luxe* du texte et des planches de l'Atlas dans le format grand in-4°, tirée seulement à 100 exemplaires, composée des 72 figures tirées d'après les clichés primitifs sur plaques normales, et représentant l'ensemble des expériences électro-physiologiques.

Prix de l'exemplaire grand in-4° . . . . 180 fr.

Pour favoriser l'enseignement, nous vendons séparément, au prix de 5 fr., chacune des 50 principales figures grandes comme nature, collées sur Bristol.

Prix de la collection des 50 principales grandes figures sur Bristol grand in-4°, réunies dans un carton. . . . . 125 fr.

Les mêmes, collées sur toile et montées sur un châssis, 6 fr. 50 c.

Sous presse, partie esthétique de l'Atlas du **MÉCANISME DE LA PHYSIONOMIE HUMAINE**.

Paris. — Typographie Félix Malteste et Cᵉ, rue des Deux-Portes-Saint-Sauveur, 22.